THÈSE

POUR

LE DOCTORAT.

L'acte public sur les matières ci-après sera présenté et soutenu
le samedi 25 août 1849, à 1 heure.

PAR PIERRE MARIE RONARC'H.

Né à Plonéour (Finistère.)

Président :	M. ORTOLAN,	*Professeur.*
Suffragants :	MM. DE PORTETS,	*Professeurs,*
	DURANTON,	
	ROUSTAIN,	*Suppléants.*
	WUATRIN,	

Le Candidat répondra en outre aux questions qui lui seront faites
sur les autres matières de l'enseignement.

SCEAUX,

IMPRIMERIE DE E DÉPÉE

1849

JUS ROMANUM.

DE DONATIONIBUS.

PROEMIUM.

Donatio est dono datio (l. 55, § 1 ff de mort. caus. donat.) : *Datio* scilicet cùm fiat proprietatis translatio; *dono*, cùm nulla necessitate juris aut officii, sed sponte et liberalitatis munificentiæque animo interveniat (l. 1, pr. 29, pr. § de Donat.; l. 214, § de Verb. signif.).

Quod dicitur dationem esse donationem de jure veteri intelligendum est, quo nisi dominium à donante in accipientem transferatur, nihil actum esse videtur, nec jus ullum nec obligatio nascitur; professio igitur donationis apud acta factæ destinationem potius liberalitatis quam effectum rei actæ continet (frag. Vat. de donat. ad legem Cinciam, 266, 267, 268.). Quod non ità usque observatum est, ut infra ostendetur; sed temporum processu, multa prudentium responsis, multa principalibus constitutionibus inventa sunt, quò faciliùs perficerentur donationes, et effectum haberent civium voluntates.

Multùm tamen abest, meo quidem consilio, ut consonante et undique completo jure Romani in donationibus uterentur. Et verum illud est quodvis tempus inspicias. In duodecim enim tabulis nihil reperitur : nec mirum quum esset donatio dominii transferendi causa et occasio non modus, nec obligatio ; sufficeretque quod lege statutum erat de acquirendo rerum dominio et quod moribus introductum erat. Quædam correxit, quædam juri donationum addidit lex Cincia, sed et fuerunt plurima quæ mendationem desiderabant, et idem de Constantini, Honorii et Theodosii, Justiniani et Leonis constitutionibus dicendum : et in Pandectis ipsis adeo indiscrete de donationibus tractatum est ut non possim intelligere qua ratione ea materia hunc Locum occupet, inter titulos cum quibus nullam habet affinitatem.

Porro unde tanta fit de donationibus incuria, cum de cœteris juris civilis partibus tanta cura et tam mirabili sagacitate ordinatum sit? illud, nisi ipso Romanorum ingenio, non possum intelligere. Acquirendi effræna cupido, auri insatiata fames, cómesque avaritia Romæ liberalitatibus et munificentiæ minimè favebant ; nihil tam rarum, etiam claris reipublicæ temporibus, quam munerum collationes. Et dum armis totum orbem terrarum Romani appetebant traditur donationem matri suæ à Scipione factam mirum aliquid et, prope dicam, monstrum habitam esse (Polyb. 22, 3). Nonne cœterum vulgo dicebatur non habere fundum Largitionem (Cicer. de offic. 2, 15). Adde Luxuriem quæ paulatim invasit, et antiquorum morum simpliccitatem corrupit. Quæ cum ita esset non miror Romanos parum donationum juri attendisse.

Quibus ita dictis, materiam ampliore tractatu aggredior. At prius dicendum genus esse donationem, cùm complures sint donationes. Donat enim aliquis aut eâ mente ut statim rem donatam accipientis fieri velit, nec ullo casu ad se reverti, quæ proprie donatio appellatur ; aut cùm aliquid fuerit secutum, tum solummodo accipientis fiat, quæ non proprie donatio appellatur, et sub conditione est; aut, ut statim quidem faciat accipientis, si tamen aliquid factum fuerit, vel non factum fuerit, velit ad se reverti; et hæc quidem donatio est, non propriè tamen, sed tota sub conditione solvetur (l. 1, Pr. ff. de donat.). Prior species non mortis causa vel inter vivos dicitur, duæ vero posteriores mortis causâ : quas inter non minimum discrimen est, quamvis quis donationis verbo, simpliciter loquendo, omnem donationem comprehendisse videatur, sive mortis causâ, sive non mortis causa fuerit (l. 67, § 1 ff de Verb. signif.).

Sunt quædam donationes quæ speciali nomine appellantur, velut nomine dotis et ante nuptias aut propter nuptias factæ donationes, quas, cum proprio jure et propiis regulis consistant, non amplector.

PARS I.

DE DONATIONIBUS.

Præfacio.

Materiam sic dividendam esse existimo : 1° Quibus modis donatio fiat ; 2° qui, quid et quibus donare possint ; 3° quibus casibus donationes revocari admittatur ; 4° quas actiones donationes pariant.

CAPUT I.

QUIBUS MODIS DONATIO FIAT.

Aliter fiebat donatio cùm, nisi translata esset proprietas, non constaret, aliter cùm vicem contractùs obtinens solo consensu perficeretur. Et priùs dispiciamus de donatione in se necessitatem habente dominii translationis.

I. Si ad prima legum cunabula retrocesserimus, procul dubio inveniemus proindè rem donatam accipientis fieri ac si ex alia causa transferatur proprietas ; nec quidquam proprium essenisi, dono datio fiat. Itaque si donare quis rem mancipi velit, necesse est aut eam mancipet, id est solemniter alienet peræs et libram, quinque testibus, civibus Romanis, puberibus, et ejusdem conditionis præsentibus (Gai. 1, 149.); aut in jure cedat, id est, rem donatam donatorio in jure vindicanti consentiat et à magistratu addici patiatur. In re nec mancipi nulla adhibenda est mancipatio aut in jure cessio, cum sufficiat ut accipienti tradatur; hoc observato, quod in re nec mancipi nuda donantis voluntas, sine traditione donationem perficiat, si rem donatam donatorius, jam habet, velut commodati. locationis, pignoris nomine (Inst. l. 2, T. 1, § 44.); quod in re mancipi non obtinet.

II. Hæc in Diocletiani et Maximiani constitutione legimus : « Censualis quidem professio domino non solet præ« judicare; sed si in censum, velut sua mancipia deferenti « privigno tuo consensisti, donationem in eum contulisse « videris (l. 7, Cod. h. t.). » Ex illius constitutionis verbis apparet perfici donationem, si volens tibi rem donare, jussi vel consensi censitorem illam rem sub tuo nomine censûs tabulis inscribere, et ita tibi rem acquiri : Hæc autem mihi quæstio surgit : num illud quid novi est Diocletiani et Maximiani temporibus introductum et penitus jure veteri ignotum ? Vix credam. Non verissimile est aliquid in censuali jure innovatum esse eo tempore quo census frequens usus adeo cessaverat ut vulgo dicatur Decium imperatorem ultimum censum instruxisse. Potius opiner illud in rerum Romanarum origine observatum fuisse ut et censu donatio posset fieri.

III. Si quis autem verbis vel litteris se rem donaturum spopondisset, nullam vim habuisset ista conventio, destinationem potius quidem liberalitatis, non effectum rei actæ continuisset; et ita res observabatur jure veteri Romanorum. Non satis erat conventionem, ut juris vinculum crearet, nihil impossibile, nihil moribus legibus ve contrarium continere, sed necesse erat illam contractuum numero

esse; quod de donationibus non verum erat. Quod si solemni se stipulatipne aliquis obligaverat, in se actionem
dabat, sed non propriè donationem faciebat, cum rei
dominium non transferret, sed translaturum se promit-
teret.

IV. Hæc de jure veteri. Lata postea est lex Cincia (an
550 Ro. C.) cujus quæ causa fuerit non satis exploratum
esse videtur. Horum enim sententiæ vix consentire possum
qui tantam fuisse in donando sumptuositatem docent, ut
eam legibus refrœnari necesse fuerit, cum rari quid et
prope prodigiosi imprimis temporibus donationem fuisse
dixerim et testibus probaverim. Quidquid cœterum sit, lex
Cincia nullam novam introduxit formam, sed asperiorem
ad donationes perficiendas se præbuit; non tamen erga
omnes sed exceptis quibusdam personis, cognatis scilicet
(Vat. frag. § 298 et s. q.), inter quos jus pristinum serva-
vit. De non exceptis tantum loquar.

V. In primis lex Cincia statuit modum esse donationi
supra quem, nisi perfecta sit, exceptione irrita sit, quibusdam etiam casibus actione rescisoria et condictione revocari
potest. Quando autem perfecta est aut imperfecta donatio?
Solutionem fragmenta Vaticana non præstant. Sequentes
tantùm formulas extrahere potui : quod supra legitimum
modum donatum est, donator nequebat vindicare; cum
verò donatorius ab illo rem donatam adhuc possidente pe-
teret, exceptione cinciæ repellebatur (l. 5, § 2 ff. de dol.
mal. except.). Quod igitur si dominium simul et posses-
sio rei vacua in accipientem translata essent, cessabat
prohibitio. Et illud fiebat in his quæ solo consistunt, traditione, si nec mancipi, traditione simul ac mancipatione
vel in jure cessione si mancipi. In rebus mobilibus appor-
tebat etiam ut et interdicto *utrubi* superior esset donatorius, si mancipi mancipatæ essent, si nec mancipi traditæ
(Frag. Vat. 295, 511, 514.). Si autem donationis causa
tantum obligatus est, donator exceptione Cinciæ adversus
personali actione agentem efficaciter utebatur, imo et do-

natoris fidejussor; et exceptione non opposita repetitio
soluti competebat cum hoc repeti possit quod quis perpe-
tua tutus exceptione solverit. Non necesse est ut ipsemet
donator ipsimet donatorio mancipet vel tradat, cum donatio per interpositas personas consummari possit (l. 4,
ff. h. t.). Donatio non prius perficitur quam persona interposita rem donatorio superstite et in eadem voluntate per-
severante donatore, mancipaverit tradiderit vel (l. 2, § 6,
ff. h. t.). Quod si si a donatorio interposita fuerit persona
perinde est ac si mancipatio vel traditio ipsi donatorio facta
esset (l. 31, § 1, 54, 35, § 2, ff. h. t.).

VI. Olim quidem nuda donandi conventio prorsus inu-
tilis erat; quod si stipulatio adhiberetur, non propriè donatio fiebat, donator tamen donationis necessitate adstrin-
gebatur, et donatorio in personam actio comparabatur.
Divus tamen Pius donationes excepit quæ inter parentes et
liberos fierent, quas nuda voluntate firmas esse voluit.
Quam legem edicto Constantinus confirmavit (l. 4, Cod.
Theod. h. t.); posteà que omnibus donationibus extensit
Justinianus, ita ut nuda conventione donationes valerent
(l. 5, Cod. h. t.).

VII. Exegerat Constantinus præter traditionis necessitatem alias solemnitates, scilicet ut si in scriptis fierent donationes advocarentur testes quam plurimi quibus præsentibus res traderentur, ut demum actis donatio insinuaretur;
quod voluit universos observare, non parentes minus et
liberos quam cæteros (l. 27, Cod. h. t.).

VIII. Remissæ sunt paulatim omnes istæ regulæ, ita ut
Justinianus insinuationem solam conservaret, nec in omnibus donationibus. Et jam Constantinus illas exceperat
quæ ducentos solidos non excederent; quam exceptionem
Justinianus ad trecentos solidos produxit, et in piis donationibus ad quingentos; omnesque denique donationes ab-
solvit insinuatione usque ad solidos quingentos (l. 34 ; 36,
§ 1 et 5. Cod. h. t.). Quæ vero ultra legitimam quantitatem factæ, insinuatione indigebant, sine insinuatione tamen

convalebant, intra hanc quantitatem duntaxat. Omnino etiam insinuatione absolvuntur complures donationes, verbi gratia quæ mortis causa, quæ ad redemptionem captivorum, multæque aliæ (l. 36, Cod. h. t.). Et si diversis temporibus plures factæ donationes legitimam quantitatem singulatim non excedunt, quamvis in globo excedant, convœlent (l. 34, § 5, Cod. h. t.).

IX. Eò usque temporum tractu perveni ut donationes consensu solo, mutuo scilicet donantis et accipientis, firmæ sint. Non enim nolenti adquiruntur liberalitates, et deficiente utriusque consensu donationes non magis quam cœteræ conventiones vim habent. Cum igitur Justinianus dicit (Inst. lib. 2, Tit. 7, 2.), donationem perfici cum donator voluntatem suam declaraverit, hoc non ita intelligendum est ut donatorius donationem inscius invitus ve accipiat, sed ut nulla sit forma adhibenda, nulla scriptura, nulla testium præsentia, nulla solemnitas, sed voluntas donandi manifestata : quanc voluntatem necesse est donatorius gratam et ratam habeat. Quamobrem absenti, nisi mittas qui ferat, vel quod ipse habeat, sibi eum habere jubeas, donare recte non possis. Sed si nescit rem quæ apud se est sibi esse donatam vel missam sibi non acceperit, rei donatæ dominus non fit, etiamsi per servum ejus cui donatur missa fuerit, nisi ea mente servo ejus data fuerit, ut statim ejus fiat, quia et ignorantibus per servos et personas quas in potestate habemus, dominium et actiones adquiri possunt.

X. Cœterum, tacitus sufficit consensus (l. 12, § 8, ff. mand.). Requiritur consensus eo duntaxat tempore quo donatio contrahitur, non cum conditio sub qua contracta est, impletur (l. 2, § 5, ff. de donat.). Donatorius vivo donatore accipere debet : adeo ut si quis mihi donaturus, pecuniam alteri dederit qui ad me perferret, et ante mortuus sit quam ad me perferatur, pecunia non mea fiet, donatione necdum perfecta. Non fuit enim vivo donatore, donantis et accipientis voluntatum concursus, et post obitum donatoris, in præjudicium heredis non potuit fieri, quia post mortem incipit dominium discedere ab eo qui dedit, et heredis esse à quo deinceps invito auferri nequit. Quod si de conditionali donatione agatur, non ab omnibus jurisprudentibus admissum videtur necesse esse ut vivo donatore conditio impleatur (l. 9, § 4, ff de jure dot; l. 2, § 5, ff. h. t.).

XI. De nominum donationibus aliquid specialiter est dicendum. Nominum donatio perficitur, si mandentur actiones, vel in alium delegentur (l. 2, § 1 et 2, ff, h. t.; l. 2, Cod. ht. t.). Olim tamen cessio actionum quæ fiebat ex causa donationis talis erat, ut si donatorius mortuus esset antequam eas contestatus esset, ad heredem non transmitteret; sed hoc jus abrogavit Justinianus qui constituit ut transmitterentur (l. 55, Cod. h. t.).

CAP. II.

QUIS DONARE, QUIBUS ET QUID DONARE POSSIT.

1° Quis donare possit.

I. Donare non possunt qui liberam rerum suarum administrationem non habent. Quin imo filio familias et si liberam peculii sui administrationem habeat, non permittitur donare : non enim ad hoc ei conceditur libera peculii administratio ut perdat (l. 7, Pr. ff. h. t.). Si tamen justa ratione motus donet, locus erit donationi; item, si pater, filio familias libera peculii administratione concessa, ita concesserit, ut nominatim adjecerit sic se ei concedere ut donare quoque possit; quod etiam nonnumquam ex persona poterit colligi, veluti si filius senatoriæ vel cujus alterius dignitatis sit (l. 7, § 1, 2 et 5, l. c.). Hæc de paganis; cæterum qui castrense peculium vel quasi castrense habent, in ea conditione sunt ut possint donare, cum testamenti factionem habeant (l. rad. § 6, l. c)

II. Nec furiosis, nec prodigis, nec pupillis donare licet (l. 25, § 4, ff. h. t.). Mutus autem et surdus non prohiben-

tur donare (l. 55, § 2, ff. h. t.). Nec senectus est impedi-
mento (l. 16, Cod. h. t.).

III. Rei criminis interest utrum perduellionis an alterius
criminis rei sint; nam si perduelles, omnes omnino post
contractum crimen factæ donationes inutiles sunt, nisi
condemnatio non secuta sit, etiamsi ante condemnationem
mortui sint; eo quod hoc crimen morte non extinguitur,
sed et memoria quoque delinquentis post mortem damna-
tur, heredem que delinquentis, quantum ad bona, attingit
(l. 51, § 5, ff. h. t.). Si alterius criminis rei sint, post crimen contractum donationes factæ, irritæ sunt si condemnatio secuta est. Reo autem ante condemnationem mortuo,
ratæ manent, quoniam crimen morte extinguitur (l. 15,
ff. h. t.).

2o *Quibus donare licet.*

Liberalis erga omnes esse potes, nisi lex prohibeat. In
extraneos ignotos que donationem collatam valere admissum
est (l. 29, cod. h. t.). Nec affectionis causa requiritur (l. 6,
ff. h. t.). Sed non possumus donare iis qui in nostra potestate sunt (l. 31, § 2 ff. h. t.; l. 11, cod. h. t.). Sed
superveniente filio familias emancipatione, si peculium a
patre non adimitur. donatio expost facto confirmata vide-
batur. Quinimo receptum est donationem ex patres voluntatis perseverantia vim obtinere. Omnibus qui in aliena potestate sunt donare licet, cum patri familias domino, vi
patriæ vel dominicæ potestatis, adquiratur omne quod illis
donatur quos in potestate habent. Inter virum et uxorem
donationes omnimodo fuisse prohibitas notissimi juris est,
ea sane ratione quod in principiis, mulier in manu mariti
erat, postea que quod timendum erat ne conjunctorum al-
ter alterum spoliaret. Antoninus tamen Caracalla auctor
fuit senatus consulti quo ex rigore antiqui puris aliquid re-
laxatum est. Pœnas cœlibun orborumque ullo tempore ad
donationes inter vivos capiendas extensas fuisse nusquam
reperio.

5° *Quid donari possit.*

Quœlibet res donari possunt quæ vendi, legari et oppignari possunt, quæ sunt in commerico, in nostro patrimonio, ex quavis origine nobis pervenerint (l. 12, 19, cod. h. t.), sive corporales, sive incorporales, spes etiam obligationis futuræ, et novissimo jure pars bonorum universitatis (l. 3, 55, § 4, cod. h. t.), in alienis œdibus habitare gratis, donatio videtur ; id enim ipsum capere videtur qui habitat, quod mercedem pro habitatione non solvit. Cum ad tempus non prœfinitum facultas habitandi donatur, videtur donari per illud tempus quamdiu donator vixerit, nisi remuneratoria sit donatio, quoniam mercedem persolvere potius quam donationem conferre donator videtur (l. 27, ff. h. t.). Ad causam orandam pecuniam donum ve capere non licuisse ex Taciti Annalibus apparet.

CAP. III.

QUIBUS CASIBUS DONATIONES REVOCARI ADMITTATUR.

I. Donatio semel perfecta, non temere, nec sola donatoris pœnitentia revocari potest. Sed sunt nonnulli casus in quibus donationem irritam fieri et cadere placuit ; et imprimis cum donationis acceptor ingratus circa donatorem invenitur, ita ut injurias atroces in eum effundat, vel manus impias inferat, vel jacturœ molem ex insidiis suis ingerat, quœ non levem sensum substantiœ donatoris imponat, vel vitœ periculum aliquod ei intulerit, vel quasdam conventiones, sive in scriptis donationi impositas, sive sine scriptis habitas, quas donationis acceptor sponpondit, implere noluerit (l. 10, cod. de revoc. donat.). Et hœc de omnibus donationibus Justinianus voluit observari, cum antea revocationis jus patrono tantum erga donationes liberto factas, competeret, si ingratus probaretur (l. 1, cod. eod. t.). Datur donanti ad revocandam donationem actio in factum aut condictio ob causam datorum (l. 3, cod. de cond. ob caus. dat.); non item rei vindicatio, quia dominium ex donatione translatum est, nec ipso jure, sed judicis tantum sententia ad donatorem revertitur. Sed utilis non denegatur vindicatio adversus donationis acceptorem qui pacta donationi imposita non implet (l. 4, cod. de donat. quæ sub modo). Actiones ad revocandas donationes in heredem donatorii non transeunt, actionis injuriarem instar. Nec revocantur ob ingratudinem que ante litis contestationem non in fraudem donantis a donatorio alienationes factæ sunt, sive venditionibus, sive donationibus, sive permutationibus, sive in dotem dationibus, sive ex alia qualicunque causa translationibus (l. 7, cod. de revoc. donat.). Remuneratoriæ donationes non revocantur ob ingratudinem, quia permutationes magis sunt quam donationes.

II. Ex constitutione Constantini patronus qui filios non habens, bona omnia, vel partem universitatis bonorum suorum liberto donaverat, si postea liberos suscepisset, donationem revocare poterat (l. 8, cod. de revoc. donat.). Quam legem et si contraria non nullorum sit doctrina, ad alios casus, et donatores extraneos extendi non debere arbitror.

Donationes demum quæ sub conditione fiunt, actuum conditionalium sortem patiuntur, scilicet cadant irritæ, si deficiat conditio.

CAP. IV.

QUAS ACTIONES DONATIONES PARIANT.

1° Quæ actiones donatorio competant.

Cum rei donatæ dominium in donatorium transfertur, illi omnes et eædem quæ proprietario actiones competunt. Cum autem ut dominium transferat, tantum obligatur do-, nator, interest, utrum solemni stipulatione an nuda conventione donatio contracta sit. Priore enim casu utetur donatorius *condicione certi*, si quidem rei certæ sit stipulatio, *ex stipulatu actione*, si, rei incertæ ; posteriore vero, *condicione ex lege ;* quoniam quoties obligatio ex lege nova introducta sit, nec statutum eadem lege quo genere actionis experiri opporteat, *ex lege* agendum est. Quavis cæterum actione agatur, donator in id tantummodo quod facere potest condemnandus est, qnod competentiæ beneficium doctores appellant, quod ita intelligendum est ut donatoris es alienum deducatur et ratio habenda sit ne donator egeat. Donator evictionis nomine non tenetur ; nîsi evictionis auctoritatem spoponderit, aut dolo dederit quo casu *doli actione* potest conveniri.

2° *Quæ donatori.*

Cum aliquid datur partim liberalitatis causa, partim ut ad aliquid obligetur is qui accipit, mixtum negotium est, fit contractus, ex quo actio *præscriptis verbis* nascitur (l. 18 § 1, ff. h. t.), ut donatorius ad dandum aut faciendum compellatur. Valde tamen distinguendum est cum in donatione adjicitur ut aliquid donatorius det aut faciat, utrum lex causa donationis fuerit, an conditio ; nam si conditio erit Locus repetitioni adversus donatorium, si autem causa repetitio cessabit. Quod si obligatio imposita donatorio extraneo utilis sit, huic, nisi interveniens sibi ipse stipulatus esset, stricto jure nulla competebat actio. Sed ex recentioribus constitutionibus benigne receptum est utili actione eum uti posse (l. 9, cod. de don. quæ sub modo).

PARS II.

DE MORTIS CAUSA DONATIONIBUS ET CAPIONIBUS.

CAP. I.

DE MORTIS CAUSA DONATIONIBUS.

I. Mortis causa donatio est quæ propter mortis fit suspicionem, cum quis ita donat ut si quid humanitus ei contigisset, haberet is qui accipit; sin autem supervixisset, is qui donavit reciperet; vel si eum donationis pænituisset, aut prior decesserit is cui donatium est (Inst. lib. 2, t. 7, § 1). In summa mortis causa donatio est, cum magis se quis habere velit quam eum cui donat, magis eum cui donat quem heredem suum (l. c). Etiam alterius mortis contemplatione mortis causa donatio conferri potest (l. 18, pr. ff. h. t.). Tres esse species donationum mortis causa Julianus ait : unam cum quis nullo præsentis periculi metu perterritus sed sola mortalitatis cogitatione donat ; alteram cum quis imminente periculo commotus itæ donat ut statim fiat accipientis, tertiam, cum quis periculo motus non sic dat us statim fiat accipientis, sed tum demum cum mors fuerit insecuta.

II. Illud præsertim donationi causa mortis proprium est, et hanc a donatione inter vivos distinguit, quod non ante videtur perfecta quam mors insequatur (l. 52 ff. h. t.), et donatori, quamdiu vixerit, pœnitere licet (l. 42, § 1, ff. h. t.). Itaque non omnis donatio quæ fit instante mortis periculo, donatio mortis causa est ; sed ea demum quæ ea mente fit ut donatori pænitere liceat quamdiu vixerit. Si igitur donator dederit nulla revocandi cogitatione, donatio magis est cum donandi causa, quam mortis causa donatio (l. 27, ff. h. t.). Marcellus notat in mortis causa donationibus multas esse facti quœstiones ; minui enim possunt revocationis causæ ; quod si una tantum permaneat, mortis causa est. Quoties ita donatus mortis causa ut nullo casu revocetnr, donatio inter vivos revera habenda est, ideoque inter virum et uxorem non valet, nec falcidia locum habet, quod in mortis causa donatione fit, ut infra dicetur.

III. Cum mortis causa donatio non ante videatur perfecta quam mors insequatur, et donatoris pœnitentia revocari possit, legatis comparatur et quodcunque in legatis juris est, id in mortis causa donatione accipiendum est. Mortis igitur tempore inspiciendum an donator jus donandi habuerit (l. 7, ff. h. t.), an capere potuerit is cui donatum

(l. 22, ff. h. t.). Item donatorius mortis causa sicut et legatarius falcidiœ subest (l. 42, § 1, ff. h. t.), et si pœna fuerit donator affectus, pariter revocatur donatio (l. 7, ff. h. t.).
Quæ quamvis mortis causa donationibus et legatis commu-
nia sint, nonnullæ tamen sunt dissimilitudines; verbi gratia : fit donatio duorum voluntatis concursu, legatum autem præter voluntatem testatoris nihil desiderat; unde legatum in absentem ignorantem ve potest conferri; donatio
autem a præsente in præsentem conferenda est, nisi per
nuntium aut litteras cognoscat donatorius et donationem
accipiat. Denique, et hoc attentione dignum est, hæc donatio ab aditione hereditatis sicut legatum non pendet, sed
sola morte donantis confirmatur (l. 32, ff. h. t.); et an
quis capere possit, non donationis, sed mortis tempore
inspicitur (l. 12, ff. h. t.), dum in legatis etiam testamenti
facti tempus inspicitur.

IV. Eædem olim observandæ erant regulœ in donationibus causa mortis, quæ in donationibus inter vivos adhi-
bendæ erant. Sed Justinianus constituit omnes donationes
mortis causa, sive scriptis, sive sine scriptis, sine insinuatione, præsentibus tantum quinque textibus, fieri posse
(l. ult. Cod. h. t.).

V. Mortis causa recte donatur quidquid in patrimonio
nostro est, et eæ generaliter res quæ aliis donationibus capi
possunt; item recte donant omnes qui alias donationes facere possunt, is etiam cui testamentum facere non licet.
Filius enim familias qui testari, patris quidem voluntate,
non potest, causa tamen mortis, patre permittente, donare
potest; nec de milite filio familias loquor, cui testandi facultas concessa est (l. 25, 9, 22, 35, pr. et § 1, ff. h. t.).
Quin imo licet inter virum et uxorem inter vivos donari
non possit, valet causa mortis donatio. Illud notandum est
quod si libertas mortis causa donatione conferri possit, non
potest tamen donator sic manumittere ut statim servus liber
sit, sed si convaluerit dominus aut eum pœnituerit, desinat
liber esse ; libertas enim semel concessa non revocatur,

et in extremum tempus manumissoris vitæ confertur (l. 15, ff. de manu.).

VI. Mortis causa donatio revocatur, vel convalescentia donatoris, vivo adhuc donatorio, vel sola donatoris pænitentia, vel morte donatorii ante donatorem, nisi donatorio et ejus heredibus dederit (l. 16, 25, 26, 44, ff. h. t.), et si qui sibi nivicem mortis causa donaverunt, pariter decesserint, neutrius heres repetet; quia neuter alteri supervixit (l. 26, ff. h. t.).

VII. Nulla vivo donatore competit actio cui donatum est quia sola donatis pænitentia revocari donatio potest; eo verum mortuo, si res certa sit, *rei vindicatio;* si certa quantitas, *condictio certi,* si incerta, *ex stipulatu* aut *condictio ex lege,* si donatio nuda conventione constiterit, competit donatorio. Donatori autem, revocata quæ sub mortis conditione suspenditur, *directa rei vindicatio* competit (l. 29, ff. l. t.); quod si donatio sub mortis conditione resolvenda est, certe, *condictionem* habet sive convaluerit, sive eum pænituerit, sive donatori supervixerit. Si res donata alienata est, pretium condicetur vel etiam donatoris arbitrio res ipsa, quia donatorius non bebuit illam alienare, donec donatio morte donantis confirmaretur. Favore tamen libertatis, servus a donatorio manumissus non est in obligatione, sed pretium tantum (l. 57, § 1 et 59, ff. h. t.).

CAPUT II.

DE MORTIS CAUSA CAPIONIBUS.

Mortis causa capitur quidquid propter mortem alicujus adquiritur, quamvis ex bonis mortui non profiscatur; exceptis vero his capiendi figuris quæ proprio nomine appellantur, verbi gratia quod statuliber aut legatarius aut fideicommissarius extraneo vel heredi numerat, conditionis implendæ causa (l. 54, § 2; 38, ff. t. h.). Item de rebus quas quis in hoc accipit ut vel adeat, vel non adeat hereditatem, vel omittat legatum, item quod pater dedit propter

2

mortem filii, et alia similia (l. 21, 8, 51, § 2, 12, ff. h. t.).
Licet non ex bonis mortui proficiscatur quod mortis causa
capitur, capere tamen suprà modum non poterit is cui cer-
tum modum ad capiendum lex imposuit (l. 56, ff. h. t.).

DROIT FRANÇAIS.

DE LA FORME DES DONATIONS ENTRE-VIFS ET DES EXCEPTIONS A LA RÈGLE DE L'IRRÉVOCABILITÉ DE CES DONATIONS.

Observations préliminaires.

Le propriétaire a la faculté de disposer des biens qui lui appartiennent, soit à titre onéreux, soit à titre gratuit. Sa volonté à cet égard ne rencontre d'autres limites que celles qui résultent des modifications établies par les lois (557).

Les aliénations à titre onéreux ne sont assujetties à aucune forme particulière, à aucune condition de publicité. Le législateur devait s'en remettre, et s'en est remis à l'intérêt de l'aliénateur du soin d'en assurer l'exécution. Comme la translation qu'il opère ou qu'il s'engage à opérer de la propriété de sa chose, n'est que l'équivalent de l'avantage qu'il stipule pour lui-même, il prendra naturellement toutes les précautions nécessaires pour lui faire obtenir cet avantage ; et comme l'autre partie contractante apportera de son côté toute sa vigilance à la conservation de ses intérêts, la loi a dû leur laisser toute liberté pour régler leur convention.

Au premier coup-d'œil, l'on est porté à s'étonner que les dispositions à titre gratuit ne jouissent pas du même privilège. Ne semblent-elles pas plus dignes d'intérêt que les aliénations à titre onéreux? Ne devaient-elles pas être plus favorisées? Saurait-il rien avoir de plus moral dans une législation que d'encourager le développement des sentiments généreux de la nature humaine, de tendre à multiplier les actes de bienfaisance?

Dès-lors, comment expliquer et justifier tout ce luxe de formes gênantes, d'entraves si nombreuses dont sont entourés les actes à titre gratuit? Pourquoi du moins ne les laisse-t-on pas sur la même ligne que les dispositions à titre onéreux?

C'est que s'il est bon, s'il est moral que l'homme s'élève au-dessus d'un froid et aride égoïsme, qu'il n'écoute que les nobles inspirations d'un cœur généreux, les élans spontanés d'une charité compatissante, il est à craindre qu'il ne soit avec sa famille la victime d'un penchant trop prompt à se dépouiller de son bien, et plus encore des mille séductions extérieures qui sollicitent ses bienfaits. Il faut bien le reconnaître, les rédacteurs du Code ont fait preuve ici d'une profonde connaissance du cœur humain. Il est en effet deux époques dans la vie où la bienfaisance ne coûte guère : c'est quand nous y entrons à peine, que nous ne la connaissons pas encore, et quand à la veille d'en sortir nous la connaissons trop bien ; inexpérience d'une part, expérience douloureusement acquise de l'autre ; au début, inclination imprudente à chercher de nous attacher par des bienfaits tous ceux qui nous entourent, à l'extrémité de la carrière, une disposition injuste à suivre les conseils du ressentiment, à punir la famille du peu d'affection dont on croit en avoir été entouré, en la privant de son patrimoine. Joignez à cela qu'à ces deux âges, l'esprit plus faible est plus ouvert aux suggestions du dehors et plus facilement circonvenu.

Il était donc logique, il était nécessaire que le législateur imposât aux donations certaines conditions de validité, qu'il établît des formes dont l'observation fût indispensable.

Et qu'on ne dise pas que ces formes aujourd'hui sont presque superflues, parce qu'en sont dispensés quelques actes qui ont avec les donations entre-vifs, de profondes ressemblances ; par exemple, la remise qu'un créancier fait d'une dette, la répudiation faite par un héritier d'une succession avantageuse au profit de ses co-héritiers, le refus d'invoquer une prescription acquise, ou la nullité d'une obligation, les dons manuels d'objets mobiliers, les donations rémunératoires, parce que ce sont là des libéralités indirectes, qui ne s'exercent que dans des circonstances tout à fait spéciales, qui le plus souvent n'ont qu'une faible importance, et portent en elles-mêmes leur justification. L'on ne saurait arguer de superfluité des formalités qui assurent de la part du donateur une volonté réfléchie, et qui l'empêchent de se dépouiller inconsidérément ou de dépouiller injustement sa famille.

L'on fait une autre objection qui à mon avis n'a pas plus de fondement. L'on dit : les formalités de nos donations entre-vifs sont copiées textuellement dans l'ordonnance de 1751, qui régissait un système de disponibilité tout différent du nôtre. Sans entrer dans les détails de cette obligation, je réponds qu'il importe peu à quelle législation ont été empruntées les solennités des donations, si d'ailleurs elles sont d'une utilité incontestable et indispensables même aujourd'hui.

Or, on ne saurait refuser d'admettre que l'intérêt bien entendu du propriétaire, et surtout celui de la famille, exigeait que la faculté de disposer à titre gratuit fut soumise à certaines règles. Tous les législateurs l'ont reconnu, et l'histoire nous montre le développement progressif des sages limites tracées à la liberté du propriétaire.

Après ces observations préliminaires et sans m'arrêter à présenter les principaux caractères des donations entre-vifs, soit dans le droit romain, soit dans notre ancien droit, ce qui m'entraînerait hors de mon sujet, je vais immédiatement traiter des formes de donations entre-vifs dans notre droit et des exceptions à la règle de leur irrévocabilité, me réservant d'éclairer les principes les plus importants par quelques développements historiques succinctement exposés.

Je diviserai la matière en quatre chapitres : 1° Des formes de la donation entre-vifs ; 2° De l'effet de la donation ; 3° De la règle de l'irrévocabilité ; 4° Des exceptions à la règle de l'irrévocabilité.

CHAPITRE PREMIER.

DE LA FORME DES DONATIONS.

Des formes de la donation entre-vifs, les unes sont nécessaires à la validité de l'acte même *inter partes* ; on les appelle intrinsèques. Les autres, ce sont les formalités extrinsèques, nécessaires seulement pour lui donner effet à l'égard des tiers, ne le laissent pas moins valable *inter partes*, quand elles manquent. Les premières sont un acte notarié, et l'acceptation expresse du donataire ; les secondes, la tradition des effets mobiliers donnés, et la transcription des actes portant donation de biens susceptibles d'hypothèques, je ne traiterai de celles-ci qu'au chapitre de l'effet des donations.

I. *De l'acte notarié.* — Tous actes portant donation entre-vifs seront passés devant notaires dans la forme ordinaire des contrats ; et il en restera minute, sous peine de nullité (art. 951).

Avant l'ordonnance de 1731, il n'y avait rien de précis sur la forme des donations. Les uns pensaient que l'acte notarié n'était pas nécessaire, puisque aucune loi ne le prescrivait formellement, qu'il suffisait parconséquent de la signature des parties comme dans les autres contrats; les autres, et de ce nombre Ricard, soutenaient l'opinion contraire par le motif que l'acte sous signatures privées n'ayant pas par lui-même de date certaine, la donation n'était pas opposable aux créanciers ayant obtenu hypothèque sur les immeubles donnés même postérieurement à la donation, qu'ainsi la règle *donner et retenir ne vaut,* pourrait être éludée puisque le donateur avait un moyen très facile de révoquer sa libéralité, en grevant les biens donnés d'hypothèques. L'ordonnance, dans un article dont notre article 951 n'est que la reproduction, leva tous les doutes en exigeant formellement un acte passé devant notaires.

Il est donc nécessaire, non seulement *ad probationem,* mais *ad solemnitatem* que l'acte portant donation soit passé devant notaires, dans la forme ordinaire, c'est-à-dire devant deux notaires ou un notaire et deux témoins (Loi du 25 ventôse an XI, sur le notariat). Malgré le texte formel de l'art. 9 de cette loi, une question s'était élevée, de savoir si la présence à l'acte du second notaire était exigée à peine de nullité, et l'usage l'avait résolu par la négative. Après quelques variations de jurisprudence, intervint la loi interprétative du 21 juin 1843 qui, confirmant l'art. 9, en exigea l'observation à peine de nullité; mais seulement pour certains actes, spécialement pour les donations.

Il faut remarquer que la loi parle *de tous actes portant donation*, et non pas de toute donation, ce qui laisse subsister les donations manuelles qui par elles-mêmes échappent à toute formalité.

II. *Acceptation expresse du donataire.* — La donation étant un contrat, comme nous le verrons plus tard d'une manière plus détaillée, ne peut se former que par le consentement des deux parties, le concours de leurs volontés, et comme la loi voit les donations avec moins de faveur que les autres contrats, le défaut de mention dans l'acte de donation qu'il y a eu acceptation, le rendrait nul, et l'on ne pourrait pas induire l'acceptation de la présence et de la signature du donataire, comme on le peut dans les autres contrats. Tel est le sens de la première partie de l'art. 955, copié de l'art. 6 de l'ordonnance de 1731.

L'acceptation peut être faite dans l'acte même de donation, ou postérieurement à cet acte, pourvu que dans ce cas elle soit faite du vivant du donateur, par acte authentique dont il doit rester minute. Alors la donation n'a d'effet à l'égard du donateur que du jour où l'acte qui constate cette acceptation lui a été notifié.

Quelques explications sont nécessaires sur cette disposition de la dernière partie de l'art. 952, qui donne lieu à quelques controverses assez graves.

Il est certain que l'acceptation est de la part du donataire le véritable lien du contrat, puisqu'elle opère le concours des volontés ; que si l'acceptation se fait dans l'acte de donation, il n'y a pas de difficulté, la donation est parfaite, parconséquent le donateur ne peut désormais en disposer.

Mais si l'acceptation se fait par un acte postérieur auquel le donateur n'a pas concouru (s'il y avait concouru, nous retomberions dans la première hypothèse). Les choses ne se passent plus absolument de la même manière ; pour que la donation soit parfaite, il ne suffit pas que l'acte postérieur portant acceptation du donataire existe, il faut qu'il soit connu du donateur ; jusque là c'est comme s'il n'y avait pas d'acceptation ; à l'égard du donateur la donation n'est qu'à l'état de projet, de pollicitation qu'il peut retirer à volonté, et rien de plus logique ; un acte en effet dont il n'a légalement pas connaissance, pour lui n'existe pas et ne saurait le lier. Si donc la chose qui fait l'objet de la donation est par lui aliénée avant la notification, la donation est nulle ; si le donateur vient à décéder, s'il devient incapable d'aliéner avant que l'acceptation ne lui ait été notifiée, il en est de même. C'est ainsi que doivent s'entendre ces mots de l'article. La donation n'aura d'effet à l'égard du donateur que du jour que l'acte qui constatera l'acceptation lui aura été notifié. Ce n'est qu'à l'égard du donateur que la notification est exigée pour la perfection du contrat. La notification n'a donc plus le même caractère que sous l'ordonnance sous l'empire de laquelle elle n'était nécessaire que pour l'exécution de la donation et ne l'empêchait pas de produire tous ses effets du jour de l'acceptation, de telle sorte qu'elle pouvait valablement être faite aux héritiers du donateur, ou à ses mandataires légaux s'il devenait incapable.

Si avant que le donateur ne soit averti de l'acceptation par la notification qui lui en est faite, tous actes, toute révocation, toute aliénation par lui consentis sont valables, et si d'ailleurs l'acceptation rend la donation parfaite à l'égard du donataire ; il en résulte que si la propriété est acquise à ce dernier dès qu'il a accepté, il n'est pourtant propriétaire que sous la condition résolutoire des dispositions faites par le donateur.

Cette proposition néanmoins n'est pas universellement admise. L'on dit, et cela paraît bien simple et bien logique : Si l'acceptation non notifiée est sans valeur à l'égard du donateur, celui-ci reste donc propriétaire, il ne transfère nullement la propriété au donataire qui n'acquiert absolument rien ; donc pas plus à l'égard du donataire qu'à l'égard du donateur, l'acceptation non notifiée ne produit aucun effet. Ce système, je l'adopterais volontiers, s'il ne rayait pas ces mots de l'art. 932 *à l'égard du donateur*, si d'autre part il n'était pas en opposition avec l'ordonnance et les principes du droit commun d'après lesquels tout contrat devient parfait par le concours des volontés. Si le législateur moderne a cru devoir déroger en un point à cette ordonnance et au droit commun, il ne faut pas étendre cette dérogation au-delà de ses termes rigoureux.

L'intérêt de la question est de savoir si les héritiers du donataire pourront notifier l'acceptation faite par lui, si ses créanciers le peuvent également ; si lui-même pourrait vendre, hypothéquer les biens donnés, sous la condition de la résolution du droit, bien entendu, si avant la notification le donateur révoquait la donation ; si enfin le donataire est irrévocablement lié par son acceptation, de telle façon qu'il ne puisse la retirer malgré le donateur, lors même que la notification n'en a pas encore été faite. Conséquent avec la solution que j'ai admise, je réponds affirmativement sur tous les points.

Il s'agit de savoir maintenant par qui peut et doit être faite l'acceptation.

Si le donataire est majeur et capable de contracter, il doit accepter par lui-même, ou par son mandataire muni de sa procuration spéciale ou générale, à l'effet d'accepter cette donation ou toutes donations qui lui auraient été ou qui lui seraient faites (art. 933). Cette procuration doit être notariée, et selon moi passée en minute ; expédition doit en être annexée à la minute de la donation ou à la minute de l'acceptation si elle a lieu par acte séparé. Toutes les règles tracées pour l'acceptation par mandataire ne peuvent s'expliquer que par cette considération que la matière des donations est peu favorable, environnée de prescriptions rigoureuses. Ici, en effet, nous voyons le législateur s'écarter des principes du droit commun, et enchérir même sur la rigueur de l'ordonnance, qui dans son art. 5, permettait à une personne de se porter fort pour le donataire absent, et validait l'acceptation du jour de la ratification expresse que ce dernier en faisait par acte authentique.

Les dispositions de l'art. 933, s'appliquent *a fortiori*, selon moi, à la procuration à l'effet de donner ; on est plus facilement supposé accepter que donner, de plus l'acte de donation doit être en entier authentique ; pour cela, il faut évidemment que les éléments qui le composent soient aussi constatés par acte authentique.

Si la donation s'adresse à une femme mariée sous quelque régime qu'elle soit, elle ne peut l'accepter qu'avec le consentement de son mari, ou à son défaut, avec l'autorisation de la justice (934) ; si c'est à un mineur non émancipé, ou à un interdit, l'acceptation doit être faite par le tuteur, autorisé à cet effet par délibération du conseil de famille.

Le mineur émancipé accepte valablement avec l'assistance de son curateur ; et l'individu pourvu d'un conseil judiciaire avec l'assistance de ce conseil. Les ascendants du mineur émancipé ou non, et chacun d'eux personnellement et sans égard au degré de parenté, tiennent de la loi le pouvoir d'accepter pour ce mineur, sans avoir besoin de l'autorisation du conseil de famille. La tendresse qu'ils sont supposés avoir pour lui a paru une garantie suffisante que leur acceptation ne pourra nuire à ses intérêts (955). Si le donataire est un sourd-muet, et qu'il sache écrire, il pourra accepter par lui-même ou par un fondé de pouvoir ; sinon, un curateur *ad hoc* acceptera pour lui (956). Enfin les donations faites aux hospices, communes ou établissements publics sont acceptées par leurs administrateurs, après y avoir été régulièrement autorisés ; tant que l'autorisation d'accepter n'est pas accordée, il n'y a pas d'acceptation, et le donateur reste le maître de la chose qui fait l'objet de la donation. En ce qui concerne les communes, la loi du 18 juillet 1857, sur l'organisation municipale, art. 48 *in fine*, a toutefois modifié ces principes, en accordant au maire, autorisé de son conseil municipal, le droit d'accepter provisoirement une donation faite à la commune.

Pour terminer la matière de l'acceptation des donations, il me reste à examiner une question assez vivement controversée : quelle est la valeur de l'acceptation faite par un incapable en dehors des conditions qui sont imposées à son acceptation ? Les uns répondent qu'elle est nulle, mais à l'égard de l'incapable seulement et appliquent ici l'art. 1125 (*in fine*) ; les autres que l'acceptation est nulle et non avenue absolument, aussi bien à l'égard du donateur qu'à l'égard du donataire incapable. Cette dernière opinion me paraît préférable, parce que les donations sont des actes où la forme emporte le fond ; que s'il manque quelques-unes des conditions requises pour la validité de l'acceptation, cette acceptation manque absolument, et dès-lors la donation n'est pas parfaite. Cette solution était généralement admise dans l'ancien droit; Ricard n'en faisait aucun doute, et d'Aguesseau embrassa cette opinion dans l'art. 7 de l'ordonnance de 1731 qu'il rédigeait. Quant à l'argument tiré de l'art. 1125, il n'a pas une grande valeur, car bien qu'il soit vrai que la donation est une convention, un contrat, il est incontestable aussi que c'est un contrat d'une nature spéciale, entouré de conditions de validité particulières et plus rigoureuses.

Il faut donc que les incapables soient représentés à l'acte de donation pour l'accepter, ou à l'acte postérieur d'acceptation par leurs mandataires légaux, et ils ne sont jamais restituables contre le défaut d'acceptation, sauf leur recours contre leurs mandataires (942). Quant à l'application des principes de responsabilité des mandataires indiqués par la loi, je doute fort qu'on doive l'étendre jusqu'au mari qui ne peut accepter au nom de sa femme, mais consentir à ce qu'elle accepte, et qui en tous cas ne saurait répondre du défaut d'autoriser, puisque c'est un acte libre de la puissance maritale, et que la femme peut y suppléer en demandant et en obtenant l'autorisation de la justice.

III. *État estimatif des meubles.* — Aux termes de l'article 948, tout acte de donation d'effets mobiliers ne sera valable que pour les effets dont un état estimatif, signé du donateur et du donataire ou de ceux qui acceptent pour lui, aura été annexé à la minute de la donation.

Cet état estimatif dont l'utilité se fait sentir au cas du rapport (868), de révocation, de retour conventionnel et de réserve d'usufruit, a son origine dans le droit romain. Dans le dernier état de la législation romaine, la donation ne produisant plus qu'une obligation de livrer, on imagina d'exiger un état de meubles pour suppléer à leur tradition réelle qui n'était plus nécessaire. Dans notre ancien droit, l'état fut également admis, lorsque la tradition réelle n'aurait pas lieu et toujours pour y suppléer, et l'ordonnance de 1731 le consacra. Le Code civil reproduisit le même système, mais en exigeant un état estimatif, au lieu d'un état purement descriptif dont on s'était contenté jusqu'alors. Il est nécessaire aussi bien pour la donation d'une quote part du mobilier, que pour un objet individuel. Seulement il faut observer que les meubles incorporels sont dispensés de l'état estimatif parce qu'ils portent en eux-mêmes l'indication de leur valeur et que la propriété en est transportée au donataire par l'accomplissement des formalités réquises pour la cession des créances.

IV. *De quelques donations ayant un caractère spécial.* — Toutes les dispositions à titre gratuit entre-vifs ne sont pas assujetties sans distinction aux formalités dont il vient d'être traité jusqu'ici. Ainsi est-il de quelques donations onéreuses, remunératoires et mutuelles.

Bien qu'en principe les donations onéreuses soient soumises aux formalités des donations ordinaires, que les charges aient été stipulées au profit du donateur lui-même, ou au profit d'un tiers, cependant si ces charges sont l'équivalent de l'objet donné, cette disposition n'ayant plus le caractère de gratuité, on ne peut exiger l'accomplissement des formalités des art. 931 et suivants.

Il faut en dire autant des donations remunératoires qui ne procurent au donataire que l'équivalent de services constants et appréciables.

Enfin à l'égard des donations mutuelles, outre qu'elles n'ont pas réellement le caractère de gratuité, il y aurait injustice évidente à les assujétir à aucune formalité, puisque le donateur qui s'y serait conformé, étant lié par cela même, serait la dupe du donateur qui ne les aurait pas observées et qui serait libre de retirer sa donation.

Restent les dons manuels d'objets mobiliers et de valeurs mobilières. Ils sont certainement dispensés de toute forme ; la tradition seule suffit, bien que le Code ne s'en explique pas expressément. Dans notre ancien droit ce point ne formait aucune difficulté, et l'ordonnance de 1751 l'établit formellement. Quant au silence du Code, il est suffisamment suppléé par les déclarations consignées dans les procès-verbaux de la rédaction de notre titre.

La donation déguisée sous la forme d'un contrat onéreux n'en est pas moins une donation ; mais par un tempérament d'équité apporté dans une matière toute de droit strict, et qui ne semblerait pas devoir en comporter, cette donation a toujours été reconnue comme valable.

Les renonciations à un droit, quoique pouvant donner lieu au rapport (843), ne sont pas considérées comme de véritables donations, et ne sont assujetties à aucune forme : il en est ainsi de la remise d'une dette, de la renonciation à une succession, à une prescription acquise, à une nullité.

Quoiqu'une rente viagère constituée au profit d'un tiers ait tous les caractères d'une libéralité, cependant aux termes de l'art. 1973, elle n'est pas assujettie aux formes requises pour la donation. Il en est de même des donations faites en faveur des époux et des enfants à naître du mariage, dans leur contrat de mariage, comme de celles que les époux se font entre eux par le contrat de mariage.

V. *La nullité résultant d'un défaut de forme ne saurait se couvrir par aucun acte confirmatif ; il faut que la donation soit refaite en la forme légale* (1339). — Mais à l'égard des héritiers du donataire ou ses ayant-cause, ils peuvent couvrir ces vices de formes, soit par une ratification expresse, soit tacitement par l'exécution volontaire de la donation (1340).

CHAPITRE II.

DE L'EFFET DES DONATIONS.

I. *De l'effet des donations* INTER PARTES. — Entre le donateur et le donataire, aux termes de l'art. 938, la donation est parfaite, quand elle a été dûment acceptée, ce qui veut dire, que si l'objet donné est un corps certain, la propriété en est transmise au donataire, si c'est une chose indéterminée, le donateur est obligé de la livrer. Dans notre droit il n'est donc pas vrai de dire comme en droit romain : *Dominia rerum traditionibus non obligationibus transfe-*

runtur ; aujourd'hui le consentement seul opère la translation de la propriété, suivant la doctrine de Grotius.

II. *De l'effet des donations à l'égard des tiers*. — Si la donation est d'un objet mobilier, la tradition réelle au donataire est nécessaire, non pas pour dépouiller le donateur de la propriété ; mais pour empêcher l'effet d'une seconde disposition au profit d'une autre personne qui en deviendrait propriétaire en vertu de la maxime : en fait de meubles, possession vaut titre, si avant le donataire, elle en acquérait de bonne foi la possession réelle.

Le donataire d'un droit, d'une créance, d'une rente, n'en est saisi à l'égard des tiers que par la signification du transport au débiteur, ou l'acceptation expresse de celui-ci (1690). Quant aux biens susceptibles d'hypothèques, la donation n'en est opposable aux tiers qu'autant que l'acte de donation, de l'acceptation et la notification de cette acceptation ont été transcrits au bureau des hypothèques de l'arrondissement dans lequel les biens sont situés.

III. *De la transcription*. — La transcription qui n'est destinée qu'à donner effet à la donation à l'égard des tiers, c'est-à-dire de ceux qui ont intérêt à en connaître l'existence, est venue remplacer une formalité analogue qui existait anciennement sous le nom d'insinuation. J'ai essayé de montrer ce qu'était l'insinuation en droit romain, jusqu'à concurrence de quelle somme elle était exigée ; maintenue dans les pays de droit écrit, elle ne passa dans le droit coutumier que par l'ordonnance de 1559. Jusques-à l'ordonnance de 1566, elle fut nécessaire pour la validité de la donation même *inter partes*. Depuis cette ordonnance, elle ne fut guère regardée que comme une simple formalité extrinsèque, dont l'inobservation ne pouvait être opposée ni par le donateur ni par ses ayant-cause ; et si dans la jurisprudence des parlements il y eut quelques variations sur l'étendue d'application du défaut de cette formalité, l'ordonnance de 1731 établit formellement qu'elle n'était exigée qu'à l'égard des tiers.

Il n'est pas inutile de résumer ici les dispositions principales de cette dernière ordonnance sur l'insinuation : elle dut consister dans la copie entière de l'acte de donation faite sur un registre spécial et public, au greffe des sénéchaussées et bailliages, tant du lieu du domicile du donateur que de celui de la situation des immeubles donnés. Elle était exigée pour toutes donations mobilières ou immobilières, excepté les donations faites par contrat de mariage par les ascendants aux époux, ou par les époux entre eux, pour les donations mobilières n'excédant pas mille livres, ou exécutées par la tradition réelle. Elle devait être faite dans le délai de quatre ou de six mois, suivant que les parties habitaient ou n'habitaient pas le royaume ; et faite dans ce délai, même après le décès du donateur ou du donataire elle rétroagissait au jour de la donation. Passé ce délai on pouvait encore la faire, pourvu que le donateur fût vivant, le donataire fût-il décédé : alors elle n'avait d'effet que du jour de sa date. Le défaut d'insinuation pouvait être opposé par toute personne ayant intérêt, le donateur excepté, spécialement par ses héritiers, ses légataires et ses donataires postérieurs.

L'insinuation subsista jusqu'au Code civil. Cependant, était déjà venue la loi du 11 brumaire an VII, qui consacrait un nouveau système hypothécaire basé sur la publicité, et qui, de plus, assujétissait tout acte translatif de propriété pour être opposable aux tiers, à la formalité de la transcription ; si bien que la donation, qui était un acte translatif de propriété, fut, jusqu'à la promulgation du Code, soumise, en matière immobilière, à deux formalités : à celle de l'insinuation et à celle de la transcription.

Le Code a abrogé la loi de brumaire, en ce qui concerne la translation de la propriété, et n'a consacré ses dispositions qu'en ce qu'elle arrêtait les inscriptions hypothécaires et préparait à les purger. D'autre part, l'insinuation de l'ordonnance a disparu par la loi du 30 ventôse an XII. Il faut remarquer pourtant que la transcription, en matière de donation, a des effets plus étendus que la transcription, réglée par les art. 2181 et suivants du Code civil, et conserve tous les caractères de la transcription de la loi de brumaire ; car elle est nécessaire, non seulement pour arrêter les inscriptions que les créanciers du donateur pourraient prendre sur l'immeuble donné, et pour pouvoir les purger, mais encore pour que la propriété en soit acquise au donataire, à l'égard des tiers. Quant à la manière dont la transcription doit se faire, il faut suivre les dispositions du Code civil.

Maintenant, à quels biens s'applique la nécessité de la transcription ? aux biens susceptibles d'hypothèques répond l'art. 959. Qu'est-ce à dire ? les servitudes ne sont pas susceptibles d'hypothèques ; or, je fais donation d'une servitude *non œdificandi*, que j'ai, sur un terrain situé au milieu d'une grande ville, mon donataire ne devra-t-il pas transcrire. Il est certain que mes créanciers ont grand intérêt à connaître cette donation qui peut diminuer considérablement mon patrimoine. Cependant, à prendre l'art. 959 au pied de la lettre, la transcription n'est pas nécessaire, c'est ce qui me porte à croire que, par ces mots : biens susceptibles d'hypothèques, le législateur a seulement voulu dispenser de la transcription les donations de rentes foncières qui, à l'époque de la confection du Code, étaient considérées comme immeubles.

La sanction du défaut de transcription se trouve dans l'art. 941, qui dispose que le défaut de transcription pourra être opposé par d'autres personnes ayant intérêt, excepté celles qui sont chargées de faire faire la transcription, ou leurs ayant-cause et le donateur.

Ainsi, pourront opposer le défaut de transcription, tous ceux qui ont acquis sur l'immeuble donné un droit réel : 1° les acquéreurs, à titre onéreux, sans qu'il soit nécessaire que leurs contrats soient préalablement transcrits ; 2° les créanciers auxquels le donateur a constitué une hypothèque postérieure à la donation, ou qui en auront acquis une en vertu d'un jugement et qui l'auront fait inscrire en temps utile ; 5° le donataire postérieur qui aura fait transcrire.

Au contraire, ne pourront opposer le défaut de transcription : 1° tous ceux qui sont chargés de faire faire la transcription et leurs ayant-cause ; cette exception est basée sur la responsabilité des mandataires légaux, qui sont tenus d'indemniser et de garantir le donataire des suites de leur négligence ; ils seront donc repoussés par la maxime : *quem de evictione tenet actio eumdem argentem repellit exceptio*, qui sera également opposable à leurs ayant-cause, puisque *nemo plus juris conferre potest quàm ipse habet*. Or, d'après l'art. 940, les personnes chargées de faire faire la transcription au nom du donataire, sont : le mari, pour les donations faites à la femme, avec cette observation, que, si le mari ne remplit pas cette formalité, la femme peut y faire procéder sans autorisation ; et, lorsque la donation est faite à des mineurs, à des interdits, ou à des établissements publics, la transcription doit être faite à la diligence des tuteurs, curateurs, administrateurs ; 2° le donateur, qui est garant de ses faits envers le donataire, et qui ne pourrait sans dol opposer le défaut de transcription ; 3 l'héritier du donateur, ses légataires universels ou à titre universel qui sont *loco heredum*. Je sais bien que quelques personnes accordent à l'héritier du donateur le droit d'opposer le défaut de transcription, parce qu'il le pouvait sous l'empire de l'ordonnance, dont l'art. 27 a été fidèlement reproduit dans notre art. 941. Elles tirent aussi un argument de l'art. 785 du Code civil, qui ne parle que de la découverte d'un testament, non d'une donation. Je préfère l'opinion contraire, parce que, dans cette matière, le législateur a voulu se référer à la loi de brumaire, et non à l'ordonnance, parce que la transcription de la loi de brumaire n'était pas établie dans l'intérêt de l'héritier du donateur, parce qu'enfin, l'héritier du donateur ne saurait avoir plus de droit que le donateur lui-même ; 4° le légataire, à titre particulier, car la loi de brumaire n'accordait le droit d'op-

poser le défaut de transcription qu'à ceux qui avaient contracté avec le donateur ; 5° enfin, les créanciers chirogra-
phaires et ceux qui n'ont pas pris inscription en temps
utile, puisqu'ils n'ont acquis aucun droit réel sur l'immeuble dans l'intervalle de la donation à la transcription.

Les incapables ne sont pas plus restitués contre le défaut
de transcription que contre le défaut d'acceptation, sauf
leur recours contre leurs mandataires légaux, et l'insolvabi-
lité de ces derniers ne serait pas un motif de restitution
pour les incapables (942). Mais il faut remarquer ici que le
mari qui, d'après ce que j'ai dit, n'est pas responsable du
défaut d'acceptation, répond au contraire du défaut de
transcription.

CHAPITRE III.

DE L'IRRÉVOCABILITÉ DES DONATIONS.

Le droit romain disait bien des donations entre-vifs *temere revocari non possunt ;* mais c'était seulement par opposition aux donations à cause de mort, qui pouvaient se
révoquer *sola donatoris pœnitentia.* Mais aux yeux des juris-
consultes de Rome, l'irrévocabilité des donations n'avait
rien de particulier, ni qui les distinguât des contrats à titre
onéreux. Dans notre droit coutumier, au contraire, elle ac-
quit un caractère extrêmement énergique, en se formulant
dans cette maxime : *donner et retenir ne vaut.*

Il n'est pas superflu de dire un mot de l'introduction de
cette maxime dans notre ancien droit, et de sa conservation
dans les principes du droit civil. Les donations entre-vifs
n'étaient pas soumises aux mêmes restrictions que les dispositions testamentaires, il fallut donc, pour que les règles
sur la disponibilité par acte de dernière volonté, ne fussent
éludées, trouver le moyen d'empêcher que des dispositions
qui, en réalité, ne devaient produire leur effet qu'au décès
du disposant, ne fussent déguisées sous la forme de dona-

tion entre-vifs. On n'imagina rien de mieux que d'imposer au donateur l'obligation de se dépouiller de la chose donnée actuellement et irrévocablement, à peine de nullité de sa disposition. La règle fut admise sans conteste, et, dans l'origine, exécutée dans toute sa rigueur ; plus tard, s'élevèrent de nombreuses divergences d'opinion sur le point de savoir quand la règle était accomplie, c'est-à-dire de quand il y avait dépouillement actuel et irrévocable ; quelques coutumes exigèrent la tradition réelle, d'autres se contentèrent d'une tradition feinte, d'autres enfin frappaient de nullité les donations de propres, quand le donateur s'en réservait l'usufruit.

Bien que les règles de l'ancien droit sur la disponibilité de bien n'aient pas passé dans le Code civil, bien qu'aujourd'hui la quotité disponible soit la même pour les donations entre-vifs et pour les dispositions testamentaires, la nécessité du dépouillement actuel et irrévocable du donateur existe dans notre droit, sans doute parce que le législateur a voulu rendre plus rares les donations entre-vifs, auxquelles il s'est montré peu favorable, à cause de l'atteinte qu'elles portent à l'ordre de succession par lui établi et à l'intérêt des héritiers du sang.

L'existence de principe ainsi constatée, quelle en est l'étendue d'application, quelles en sont les conséquences ? Il y a dépouillement actuel et irrévocable quand le droit du donateur passe immédiatement sur la tête du donataire auquel il est acquis par l'effet de l'acceptation ; que ce droit reste désormais indépendant de la volonté du donateur, qui ne peut ni l'anéantir ni l'amoindrir. Quand donc la transmission du droit n'a pas lieu avec ces caractères, n'y ayant pas dépouillement actuel et irrévocable, il n'y a point de donation. Ainsi :

1° *La donation de biens à venir est nulle* (943). — Pendant que la tradition de la chose donnée fut nécessaire, le droit romain ne put admettre la donation de biens à venir, si ce n'est au cas de stipulation. Plus tard, Justinien ayant mis la donation au rang des contrats consensuels, on put faire valablement une donation de biens à venir. Nos pays de droit écrit, admirent ce principe jusqu'à l'ordonnance de 1731, qui consacra la maxime : *donner et retenir ne vaut*, qui alla même jusqu'à annuler pour le tout une donation cumulative de biens présents et de biens à venir. Notre article, moins rigoureux, laisse subsister la donation quant aux biens présents, et avec raison *utile per inutile non vitiatur*. L'art. 945 ne s'applique ni aux donations à terme, ni aux donations conditionnelles ordinaires, qui, pour n'être pas exécutoires immédiatement, n'en confèrent pas moins au donataire un droit immédiat, indépendant de la volonté du donateur.

Les biens à venir sont ceux sur lesquels, au moment de la donation, le donateur n'a aucun droit, même conditionnel, à l'égard desquels il n'a aucune action réelle, sur lesquels, par conséquent, il ne peut conférer aucun droit certain, positif.

2° La donation faite sous des conditions dont l'exécution dépend de la seule volonté du donateur est nulle (944). — Pour l'application de cette règle, il ne faut pas recourir aux interprétations admises pour les contrats ordinaires ; c'est ainsi que, pour ces contrats, une condition potestative n'annulle l'obligation, qu'autant que l'exécution de cette obligation dépend du caprice seul de celui qui s'oblige, tandis qu'elle laisse subsister le contrat, si bien que, dépendant de la seule volonté de l'une des parties, l'accomplissement peut lui en être avantageuse ou désavantageuse ; en matière de donation, la loi est plus rigoureuse. Du moment qu'une condition est potestative de la part du donateur, elle vicie la donation. Mais il est bien évident que les donations faites sous une condition soit suspensive, soit résolutoire, ne tombent pas sous le coup de notre art. 944. C'est ainsi par exemple que je puis très bien faire une donation en ces termes : « Je vous fais donation de ma propriété de... si je reviens de la maladie dont je suis atteint. » On ne peut pas dire que ce soit une donation à cause de mort, puisque le caractère essentiel de la donation à cause de mort consistait dans la facilité accordée au donateur de révoquer à volonté sa donation, et que cette facilité n'existe nullement dans mon espèce.

III. *Est également nulle la donation faite sous la condition d'acquitter d'autres dettes ou charges que celles qui existaient à l'époque de la donation, ou qui seraient exprimées, soit dans l'acte de donation, soit dans l'état qui devait y être annexé* (945). — Dans ce cas, il dépendrait de la volonté du donateur d'augmenter indéfiniment les charges qui pèsent sur les biens donnés, et d'anéantir la donation, contre le principe de l'irrévocabilité, en créant des dettes qui égaleraient ou même dépasseraient la valeur de l'objet donné. Par interprétation, *a contrario,* nous pouvons conclure de l'art. 945 que le donataire peut être chargé de payer les dettes présentes du donateur, et même les dettes futures dont le montant serait déterminé dans l'acte de donation ou dans leur état y annexé.

IV. *La réserve expresse de pouvoir disposer de tout ou partie des choses données, annulle la donation pour le tout ou seulement quant à la partie ou à l'objet particulier réservé* (946). Le donateur ne se dépouillant pas irrévocablement conserve son droit de propriété et le transmet à ses héritiers s'il décède sans en avoir disposé, et ce, nonobstant toute clause contraire.

Par une fausse application de la règle *donner et retenir ne vaut,* on aurait pu croire que le donateur ne peut se réserver l'usufruit de la chose donnée, ou l'attribuer à un tiers ; mais, aux termes de l'art. 949, de pareilles donations sont valables, et, par cet article, se retrouve repoussée la doctrine des coutumes, notamment celles de Lorraine, qui, exigeant la tradition réelle pour la validité des donations, n'admettaient point ces clauses. Le donateur avec réserve d'usufruit n'est pas tenu de donner caution, et le donataire aura action contre la donation, ou ses héritiers pour raison des objets non-existants à la fin de l'usufruit, jusqu'à concurrence de la valeur qui leur a été donnée dans l'état estimatif, à moins que ces objets n'aient été détruits par cas fortuits ou consommés par l'usage (950).

Le principe de l'irrévocabilité ne fait pas obstacle non plus à ce que certaines circonstances déterminées opèrent la résolution des donations; ainsi, on peut donner sous telles conditions résolutoires qu'il plaît aux parties de prévoir, pourvu que la réalisation n'en dépende point de la volonté du donateur. C'est ici le lieu de traiter d'une condition résolutoire importante dont le Code a spécialement parlé dans les art. 951 et 952, le retour conventionnel.

Le retour conventionnel consiste en ce que le donateur a stipulé la rentrée dans son patrimoine des objets donnés, soit pour le cas du prédécès du donataire seul, soit pour le cas du prédécès du donataire et de ses descendants. Cette stipulation ne peut être faite qu'au profit du donateur seul. Le retour conventionnel diffère du retour légal prévu par l'art. 747; le premier a toute l'étendue que veulent lui donner les parties, le second est circonscrit par le législateur, c'est un véritable droit successoral établi au profit de certaines personnes déterminées, ne s'ouvrant que dans certaines circonstances prévues, opérant sans le concours de toute condition résolutoire et obligeant à une quotité proportionnelle des dettes de la succession; le retour conventionnel n'étant qu'une condition résolutoire, l'exercice de ce droit fait évanouir toutes les aliénations en vertu de la maxime : *resoluto jure dantis, resolvitur jus accipientis*. Il n'en est pas de même au cas de retour légal, le prix encore dû des aliénations appartient seul à l'ascendant donateur.

J'ai dit, avec l'art. 951, que le retour conventionnel ne peut être stipulé qu'au profit du donateur seul; l'ancien droit était plus large à cet égard, il se permettait de stipuler le droit de retour pour le donateur et ses héritiers, et admettait même que, dans la stipulation faite au profit du donateur, ses descendants étaient tacitement compris.

Aujourd'hui donc, toute stipulation de retour conventionnel faite au profit d'une autre personne que le donateur seul, renfermerait une sorte de substitution, puisque ce donataire serait tenu de conserver les biens et de les rendre à son décès à un tiers. Mais une pareille clause annulerait-elle l'acte en entier, ou bien, la substitution étant tenue pour nulle et non-avenue, la donation subsisterait-elle comme donation pure et simple? je préfère cette dernière solution, parce que, malgré l'analogie de cette clause avec une véritable substitution fidéi-commissaire, je ne crois pas qu'on puisse transporter à l'art. 951 la nullité de l'art. 896 (arrêt de Cassation, du 5 juin 1823).

Par l'effet du droit de retour la donation est censée n'avoir jamais existé; donc, toutes aliénations, charges, hypothèques provenant du donataire sont résolues et les biens reviennent au donateur francs et quittes. Néanmoins, les objets donnés restent grevés subsidiairement et, au cas d'insuffisance des biens du mari donataire, de l'hypothèque légale de la femme relative à sa dot et à ses conventions matrimoniales, lorsque la donation a été faite par le contrat de mariage même duquel résultent les droits et l'hypothèque de la femme. La loi suppose que la future ou sa famille ont compté sur les biens donnés pour garantir la restitution de la dot. Mais il faut bien restreindre l'exception consacrée par l'art. 952, au cas pour lequel elle a été faite ; ainsi, elle ne s'étendra pas aux droits acquis à la femme pendant le mariage, et pour lesquels son hypothèque légale ne prend pas date du jour de la célébration du mariage.

L'exercice du droit ne se prescrit au profit des héritiers du donataire contre le donateur ou ses héritiers que par le laps de trente ans, depuis l'accomplissement de la condition résolutoire ; mais les tiers acquéreurs pourront opposer la prescription de dix ou de vingt ans. On ne saurait appliquer ici les dispositions plus rigoureuses et spéciales de l'art. 966. La même différence existe à l'égard de la restitution des fruits que les héritiers du donataire doivent du jour du décès, et les tiers détenteurs du jour seulement où le vice de leur possession leur est légalement connu.

CHAPITRE IV.

DES EXCEPTIONS A LA RÈGLE DE L'IRRÉVOCABILITÉ DES DONATIONS ENTRE-VIFS.

La loi admet trois exceptions à la règle de l'irrévocabilité des donations ; elles s'appliquent aux cas : 1° d'inexécution des conditions de la donation, 2° d'ingratitude du donataire envers le donateur, 5° de survenance d'enfant au donateur.

I. *Inexécution des conditions de la donation.* — Par conditions, il faut entendre ici, non pas un évènement futur et incertain dont dépendrait la donation, ni les formalités requises pour sa validité, mais les charges sous lesquelles elle est faite, auxquelles le donataire s'est soumis, comme de donner ou de faire ou ne pas faire quelque chose. Il ne saurait garder le bienfait sans en remplir les charges, et comme le droit est anéanti rétroactivement par l'effet de l'inexécution, les droits conférés à des tiers tombent également.

Mais le donateur peut-il forcer directement le donataire à l'exécution des charges, par application des règles générales des contrats (1184), ou bien ne peut-il que demander la révocation de la donation? C'est là une question vivement controversée, elle se résout d'après l'idée qu'on se fait de la donation. En effet, si l'on regarde la donation comme un contrat ordinaire, l'art. 1184 est applicable ; si l'on y reconnaît quelque chose de plus que dans les autres contrats, l'on pourra admettre une solution différente. Or, il me semble, conformément à l'opinion de Furgole et contrairement à celle de Pothier et de Ricard, que si la donation est un acte qui exige le concours de deux volontés, une convention par conséquent, elle se distingue des contrats onéreux ordinaires, en ce que l'idée-mère , la cause principale et directe est une intention de libéralité, de sorte que les charges n'en sont que des accessoires, qu'elles ne sauraient lier le donataire qui n'a pas entendu s'obliger. Peut-on admettre que le donataire se trouve sur la même ligne qu'un acheteur, un co-échangiste? Je sais bien que, dans le projet du Code, la donation était définie un contrat, et que ce mot ne fut remplacé par celui d'acte que par déférence pour une observation, très mal fondée du reste, du premier Consul ; il faut remarquer cependant que le changement fut appuyé par M. Malleville, l'un des représentants du pays de droit écrit où l'opinion de Furgole avait été généralement adoptée. Je ne puis donc considérer le donateur comme un créancier, le donataire comme un débiteur; partant, je ne reconnais au premier que le droit de demander la révocation de la donation. De plus, j'admettrais volontiers les créanciers du donataire, ceux qui ont acquis de lui, à intervenir et à offrir d'exécuter les charges de la donation (1466).

La révocation pour inexécution des conditions n'a jamais lieu de plein droit, c'est-à-dire que les tiers ne pourront s'en prévaloir et que le juge pourra accorder un délai au donataire pour accomplir les charges, à moins que la révocation de plein droit n'ait été stipulée. Elle se prescrit par trente ans contre le donataire et ses héritiers. La revendication contre les tiers détenteurs se prescrit par dix ou vingt ans.

II. *Ingratitude du donataire envers le donateur.* — Cette cause de révocation qui, dans le droit romain primitif, ne fut admise qu'en faveur du patron contre son affranchi ingrat, ou du père émancipateur contre son fils émancipé, fut établie par Justinien comme règle générale, et a passé dans notre droit avec ce caractère ; seulement, les cas d'ingratitude ont été restreints à trois par les rédacteurs du Code civil : L'attentat à la vie du donateur, les sévices, délits, injures graves envers lui, le refus d'aliments (955).

On peut voir qu'il y a une grande analogie entre les causes d'indignité de recueillir une succession, et les causes qui permettent au donateur de révoquer sa donation (727). Cependant la loi est plus sévère pour appliquer la révocation que pour procurer l'exclusion pour indignité ; inutile, du reste, de s'arrêter à chacune de ces causes en particulier, seulement, je ferai remarquer qu'en autorisant la demande en révocation pour refus d'aliments, le législateur a fait cesser une divergence d'opinion qui existait autrefois sur le point de savoir si le donataire devait des aliments au donateur ; il est évident aujourd'hui qu'il lui en doit, non pas sans doute proportionnément à la condition des parties, mais à la valeur de l'objet donné et concurremment avec les personnes légalement obligées de lui en fournir.

La révocation pour ingratitude est une réparation privée, aussi voyons-nous que l'action du donateur s'éteint par le pardon qu'il accorde, et que ce pardon s'induit même du silence par lui gardé pendant un an, depuis la connaissance qu'il a eue du délit (957).

D'un autre côté, la révocation pour ingratitude est évidemment une peine, la conséquence en est que l'action du donateur s'éteint par la mort du donataire ; elle s'éteint même par le décès du donateur, à moins qu'il ne l'ait intentée ou qu'il ne soit décédé dans l'année du délit (957 *in fine*). Une seconde conséquence de ce que la révocation est ici une peine, c'est qu'elle n'a jamais lieu de plein droit (956). Une autre conséquence non moins importante du même principe, c'est qu'elle ne saurait préjudicier aux tiers qui auraient contracté avec le donataire. C'est ainsi que les aliénations par lui faites, les hypothèques acquises par les créanciers, les charges réelles imposées sur la chose donnée, sont respectées, pourvu que le tout soit antérieur à l'inscription qui aura été faite de l'extrait de la demande en révocation, en marge de la transcription prescrite par l'art. 959: parce que, dans ce dernier cas, les tiers ne pourraient prétendre avoir traité de bonne foi avec le donataire. Il est bien entendu, du reste, que ce dernier restitue la valeur des objets aliénés, eu égard au temps de la demande et les fruits à compter de cette demande (958).

III. *Survenance d'enfant au donateur.* — L'origine de cette cause de révocation se trouve dans la loi 8, au Cod. de révoc. Donat., elle n'était applicable qu'au cas d'un patron qui, n'ayant pas d'enfant, avait fait donation à son affranchi. A l'origine de notre droit ce fut une question de savoir si dans tous les cas la donation était révoquée par survenance d'enfant, ou s'il fallait restreindre cette cause de révocation dans les limites de la loi romaine; l'ordonnance de 1731 vint lever tous les doutes, et notre art. 960 n'est que la reproduction de l'art. 39 de cette ordonnance.

Malgré les critiques que l'on a faites de cette cause de révocation, bien qu'on ait prétendu en prouver l'inutilité en faisant remarquer que le droit de réserve est une garantie suffisante pour l'intérêt des enfants, cependant elle me semble facile à justifier. Elle est fondée sur le sentiment de la paternité, sur la présomption que le donateur ne se fût pas dépouillé s'il eût eu des enfants au moment de la donation, et qu'il eût préféré conserver ses biens pour les transmettre. Sans doute que le droit de réserve suffisait pour empêcher que les enfants ne fussent complètement dépouillés, mais enfin la quotité disponible leur eût toujours échappé; de plus, il ne fallait pas que d'excessives et imprudentes libéralités faites par une personne sans enfant la missent dans l'impossibilité de faire face aux charges nouvelles que la survenance d'enfant fait toujours naître.

C'est dans l'intérêt seul du donateur, et non dans l'intérêt direct des enfants que cette révocation est établie, la conséquence en est que le donateur, après la survenance d'enfant, peut faire une nouvelle disposition en faveur du même donataire des biens qui étaient rentrés dans son patrimoine par la révocation, et que la mort des enfants n'empêche point la révocation et ne fait point revivre la donation.

Pour que la révocation ait lieu, il faut deux choses : que le donateur, au moment de la donation, n'ait ni enfant ni descendant actuellement existant; que postérieurement à la donation il lui survienne un enfant légitime.

Sur la première condition, on peut se demander si un enfant absent au moment de la donation en empêche la révocation. Oui, s'il reparaît; s'il ne reparaît pas, et que l'époque de sa mort ne soit pas constatée, je crois qu'il faut distinguer. Si, au moment de la donation, l'on était dans la période de l'absence ou la présomption de vie l'emporte sur la présomption de mort, il n'y aura pas lieu à la révocation ; si, au contraire, l'on était dans la période où les présomptions de mort l'emportent, il y aura lieu à la révocation. *Quid,* d'un enfant mort civilement? il n'est pas réputé vivant; partant, il y aura lieu à révocation. D'un enfant naturel reconnu? pas de révocation. D'un enfant né d'un mariage putatif? il n'y aura pas de révocation au profit de l'époux qui était de bonne foi.

Pour la seconde condition, la révocation est attachée au fait de la naissance d'un enfant légitime, postérieure à la donation ; donc, un enfant conçu avant, mais né depuis la donation, opère la révocation (964); donc encore la légitimation postérieure à la donation d'un enfant né auparavant ne l'opère pas (960 *in fine*); l'enfant né d'un mariage putatif n'opère pas la révocation au profit de l'époux de mauvaise foi.

Toutes donations entre-vifs, quelle qu'en soit la valeur, à quelque titre qu'elles aient été faites, même les donations mutuelles et rémunératoires, et celles faites par contrat de mariage par autres que les ascendants aux conjoints, ou les conjoints entre eux, sont également soumises à la révocation.

La donation est révoquée de plein droit par la survenance d'un enfant légitime, cet enfant fut-il posthume. Les tiers et ayant-droits du donateur peuvent par conséquent s'en prévaloir, au refus du donateur de l'invoquer.

La donation n'ayant plus d'existence juridique ne peut être ratifiée, ni tacitement ni expressément, comme un acte sujet à rescision, il faut qu'elle soit refaite en la forme légale (964).

Tous les droits conférés par le donataire sont anéantis comme le sien propre, et les biens rentrent dans les mains du donateur francs et quittes de toutes charges provenant du fait de ce donataire. La loi n'admet même pas l'hypothèque subsidiaire de la femme mariée, le donateur se fut-il d'ailleurs obligé comme caution à l'exécution du contrat de mariage (965).

Avec la chose donnée, le donataire doit restituer les fruits, mais il ne les doit que du jour que le donateur lui a régulièrement notifié le fait qui opère la révocation, jusqu'à cette notification il est considéré comme possesseur de bonne foi et gagne les fruits (962).

Les effets de la révocation ne cessent que par la prescription trentenaire que les tiers détenteurs eux-mêmes peuvent seule invoquer; de plus, cette prescription ne commencera à courir que du jour de la naissance du dernier enfant du donateur, même posthume. C'est là une disposition spéciale qui prouve avec quelle faveur le législateur a vu la révocation pour cause de survenance d'enfant (966).

QUESTIONS.

I.

Quel est l'effet de l'acceptation par acte séparé non notifiée? — Elle rend la donation parfaite à l'égard du donataire, non à l'égard du donateur.

II.

Si l'acceptation est faite par l'incapable lui-même, doit-on appliquer l'art. 1125? — Non.

III.

Est-ce la loi du 11 brumaire an vii qu'on doit appliquer
à la transcription, en matière de donation ? — Oui.

IV.

Les donations déguisées sous forme de contrats à titre
onéreux sont-elles valables ? — Oui.

V.

Sont-elles dispensées du rapport. — Non.

Impr. de E. Dépée, à Sceaux, (Seine).